글 | 김혜준

어린이 책을 기획하고 원고를 쓰는 일을 하고 있어요. 어린이들이 책을 좋아하는 어른으로 자랐으면 하는 마음으로 재미있고 유익한 책을 만들려고 해요. 준의 어린 시절을 그리워하며, 어린이들이 자존감을 높이고 행복한 마음을 키울 수 있는 글을 쓸 생각이에요. 지은 책으로 《윙바디 윙고의 탈것 박물관》, 《로봇기차 치포의 기차 박물관》, 《변신 비행기 씽고의 비행기 박물관》, 《옛날옛적 공주와 왕자는 궁궐에서 살았지》 등이 있답니다.

그림 | 김보경

대학에서 산업디자인을 전공했어요. 졸업 후 그림책 작가를 꿈꾸며 한국출판일러스트아카데미에서 공부한 후 그림책 작가로 활동하고 있어요. 그림을 통해 어린이 독자들에게 감동을 선사해 주고 있어요. 작품으로는 《드보르작》, 《멋부리는 까마귀》, 《음악세계 바이엘》, 《윙바디 윙고의 탈것 박물관》, 《로봇기차 치포의 기차 박물관》 등이 있어요.

감수 | 김필수

대림대학 자동차학과 교수로 학생들을 가르치고 있어요. 한국자동차문화포럼연합 대표, 에코드라이브 국민운동본부 상임대표로서 자동차 및 교통 전문가로 각 분야에서 활발히 활동하고 있지요. 환경부, 국토해양부, 지식경제부, 서울시 등 정부 각 부서의 연구 용역 및 자문을 맡고 있으며, 라디오 방송 MC 등 다양한 방송 활동도 하고 있어요. 지금까지 자동차와 관련해서 10여 개의 특허를 받았고, 150여 편의 논문, 2500여 편의 칼럼, 20여 권이 넘는 책을 썼답니다.

 로봇 자동차 차고의

자동차 박물관

초판 1쇄 발행 2011년 1월 10일 | 초판 11쇄 발행 2016년 4월 20일
개정판 1쇄 발행 2017년 8월 17일 | 개정판 10쇄 발행 2020년 12월 18일
개정 2판 1쇄 발행 2021년 6월 2일 | 개정 2판 8쇄 발행 2024년 7월 3일

개정 3판 1쇄 인쇄 2025년 1월 8일 | 개정 3판 1쇄 발행 2025년 1월 20일

글 | 김혜준 그림 | 김보경
감수 | 김필수 (대림대학 자동차학과 교수)

펴낸이 | 김은선
펴낸곳 | 초록아이

주소 | 경기도 고양시 일산서구 주화로 180 월드메르디앙 404호
전화 | 031-911-6627 팩스 | 031-911-6628
등록 | 2007년 6월 8일 제410-2007-000069호

자동차 사진 ⓒ 현대자동차, 기아자동차, 르노코리아, 쉐보레코리아(한국지엠), KG 모빌리티, 현대중공업, 볼보건설기계코리아, 삼성화재교통박물관, 미쓰비시, 메르세데스-벤츠, 푸조, 포드코리아, 캐딜락, 링컨, 아우디, 벤틀리코리아, 재규어코리아, 볼보, 크라이슬러코리아, 포르쉐코리아, 닛산, 랜드로버, 폭스바겐코리아, 혼다코리아, 로터스, 람보르기니, 인피니티, 한빛테크윈, CT&T, 광림, AD모터스, 두성캠핑카, 한국항공우주연구원, 오텍, 포토파크닷컴

ISBN 978-89-92963-88-6 73550

로봇 자동차 차고의

자동차
박물관

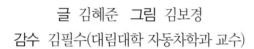

글 김혜준 그림 김보경
감수 김필수(대림대학 자동차학과 교수)

초록아이

차 례

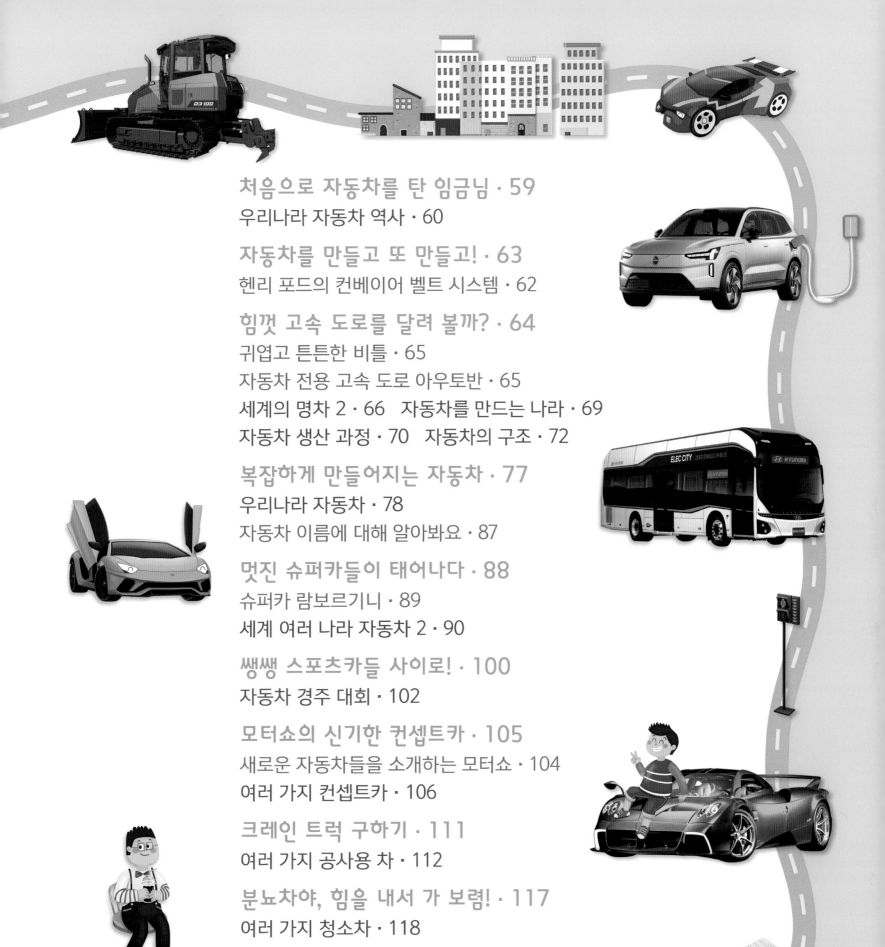

자동차 안전 교육

1. 길을 갈 때는 사람이 다니는 인도로 걸어요.
어른의 손을 잡고, 차들이 오는지 잘 살펴요.
특히 앞이 높은 화물차 등은 조심해야 해요.
2. 횡단 보도를 건널 때는 초록불이 켜져 있는지 살펴보
고 건너요. 빨간 불이 켜져 있을 때는 건너면 안 돼요.

보행자 신호등
횡단 보도의 신호등이 빨간불이면
멈추었다가 초록불이면 건너요.

3. 유치원 버스 등 차를 탈 때는 안전 벨트를 꼭 매요. 사
고가 났을 때 몸을 안전하게 보호해 줘요.
4. 자전거나 킥보드 등을 탈 때는 헬멧을 쓰고, 무릎 보호
대를 꼭 차야 해요.

로봇 자동차 차고의 비밀

준과 지후는 자동차를 무척 좋아해요. 이 다음에 어른이 되면 자동차를 만들기로 했지요. 그런데 준과 지후에게는 둘만의 비밀이 있어요. 준의 장난감인 변신 로봇 자동차 차고가 어느 날부턴가 무슨 일이 생기면 '짜잔!' 하고 커져서 진짜 도움을 준다는 거예요.

어휴, 차랑 부딪쳐서 큰 사고 날 뻔했다!

그런데 내 장난감 자동차 차고랑 똑같이 생겼네.

자동차란 무엇일까요?

자동차는 동력(움직이는 힘)을 만드는 장치 즉 엔진이나 모터의 힘으로 길 위에 바퀴를 굴려 달려요. 자동차가 나오기 전에는 바퀴가 달린 수레나 마차로 사람과 짐을 실어 날랐어요. 물론 말과 소 등의 동물이나 사람이 끌고 가야만 움직일 수 있었지요. 1880년대 독일의 벤츠와 다임러는 휘발유 엔진을 단 자동차를 만들었어요. 그 후 자동차는 점점 더 빠르게 달리며 계속 발달해 나가고 있어요.

앞   옆   뒤

세단 현대 쏘나타 디 엣지

세단은 사람들이 즐겨 타는 차예요. 지붕이 있고 문이 네 개예요. 쿠페는 차의 지붕이 낮고 문이 두 개랍니다.

쿠페 BMW M4-CS

왜건과 해치백은 뒷좌석과 트렁크가 서로 연결되어 있답니다.

왜건 BMW 3시리즈 투어링

해치백 토요타 코롤라 해치백

에스유브이 쉐보레 트레일 블레이저

컨버터블 페라리 로마 스파이더

에스유브이(SUV)는 차의 지붕이 높아요. 컨버터블은 차의 지붕을 열었다 닫았다 할 수 있어요.

나도 빨리 커서 운전하고 싶다!

🚗 자동차를 운전하고 싶어요!

자동차를 운전하려면 운전 면허증이 있어야 해요. 운전 면허증은 만 18세 이상이 되어 교통 안전 교육과 신체검사, 운전면허 시험에 합격해야 받을 수 있어요. 운전을 할 때는 안전 벨트를 꼭 매야 하고, 도로 교통법도 반드시 지켜야 한답니다.

자동차가 달리는 힘

자동차는 움직이는 힘 즉 동력을 만드는 기관이 있어야 달려요. 자동차를 달리게 하는 동력 장치로는 무엇이 있을까요? 내연 기관 자동차에는 엔진, 전기 자동차에는 모터가 있어요. 엔진은 휘발유나 경유, 천연 가스 등의 연료를 태우면서 동력을 만들어요. 반면 모터는 전기로 동력을 만든답니다.

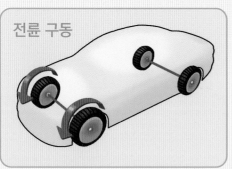

전륜 구동

엔진의 동력이 앞바퀴에 전달되어 앞바퀴가 구르면서 달려요.

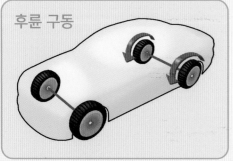

후륜 구동

엔진의 동력이 뒷바퀴에 전달되어 뒷바퀴가 구르면서 달려요.

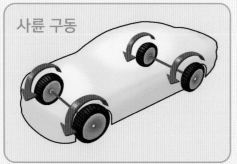

사륜 구동

엔진의 동력이 바퀴에 모두 전달되어 네 바퀴가 구르면서 달려요.

엔진의 동력이 바퀴에 어떻게 전달되느냐에 따라 구동 방식이 달라져요.

자동차 바퀴 타이어

타이어의 시작은 언제일까요? 기원전 3500년경, 서남 아시아의 메소포타미아 문명에서 만든 바퀴에서 비롯돼 발달해 왔어요. 1895년 프랑스의 미슐랭 형제는 자동차용 공기 주입식 타이어를 만들어 자동차가 빨리 달릴 수 있게 했답니다.

배기 가스를 뿜어내는 양에 따라 경형, 소형, 중형, 대형 자동차로 나뉘는구나!

배기량에 따라 자동차가 나뉘어요

자동차는 배기량 즉 배기 가스의 양이 클수록 힘이 좋아 더 잘 달려요. 배기 가스는 자동차 엔진의 실린더 안에서 연료가 타고 폭발하면서 생겨요. 배기량에 따라 경형, 소형, 중형, 대형 자동차로 나뉘어요. 배기량 1000cc(씨씨) 미만은 경형 자동차(경차), 1600cc 미만은 소형 자동차, 1600cc~2000cc 미만은 중형 자동차, 2000cc 이상은 대형 자동차라고 한답니다.

자동차를 달리게 하는 엔진

내연 기관 자동차는 엔진에서 나오는 힘으로 달려요. 엔진에는 연료를 태우는 둥근 통의 실린더(기통)가 여러 개 있어요. 실린더 안에서 연료가 타면서 폭발하고 이 힘으로 자동차가 달리지요. 자동차 엔진은 보통 실린더가 4개(4기통)에서 8개(8기통), 스포츠카는 12개(12기통)나 있어요. 실린더가 많을수록 힘 좋고 빨리 달린답니다.

엔진의 힘을 만드는 4단계

흡입 밸브
피스톤
실린더

1단계

혼합 가스가 들어가요
피스톤이 내려가 흡입 밸브가 열려요. 그러면 공기와 연료가 섞인 혼합 가스가 실린더로 들어가요.

2단계

혼합 가스를 압축해요
혼합 가스가 가득 차 흡입 밸브가 닫혀요. 그러면 피스톤이 위로 올라가 혼합 가스가 압축돼요.

점화 플러그

3단계

혼합 가스가 폭발해요
점화 플러그에서 불꽃이 일고 폭발하면서 피스톤이 아래로 내려가요. 이 힘이 바퀴에 전달되어 자동차가 달리는 거예요.

배기 밸브

4단계

배기 가스를 내보내요
폭발로 생긴 가스는 배기 밸브를 통해 실린더 밖으로 나가요. 그리고 배기구를 통해 차 밖으로 빠져요.

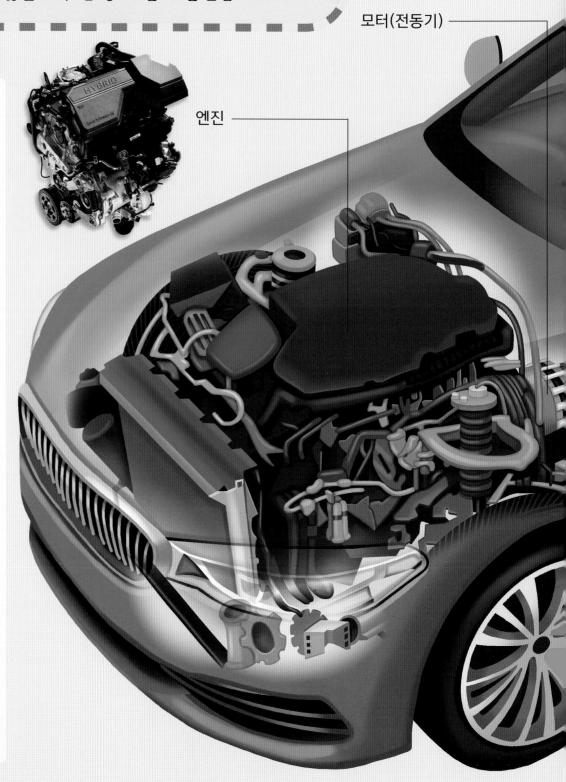

모터(전동기)

엔진

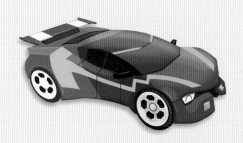

하이브리드 자동차에는 엔진과 모터 두 가지 동력 장치가 있어요.

가솔린(휘발유) 엔진

디젤(경유) 엔진

하이브리드 자동차

배터리(축전지)

자동차의 동력을 만드는 기관은 내연 기관 자동차, 하이브리드 자동차, 전기 자동차 모두 다 다르구나.

전기차 배터리 플랫폼

동력을 만드는 기관이 서로 달라요

내연 기관 자동차 휘발유 엔진이나 디젤 엔진을 동력 장치로 이용해 달려요. 가장 많이 다니지만 연료를 태우면서 오염 물질이 많이 나와요.

하이브리드 자동차 엔진과 전기 모터 두 가지 동력 장치를 이용해 달려요.

전기 자동차 배터리에 전기를 충전해 모터를 돌려 달려요. 수소연료 전지 자동차는 수소를 충전해 수소연료 전지에서 만드는 전기 에너지로 달려요.

오늘은 자동차 박물관 가는 날!

오늘은 사촌인 준과 지후네 가족이 자동차 박물관에 가기로 한 날이에요. "모두들 안전 벨트 잘 맺지?" 지후 엄마가 운전하는 빨간색 자동차는 박물관을 향해 갔어요. 길 위에는 여러 가지 자동차, 버스, 화물차 등이 줄지어 달려갔답니다.

여러 가지 자동차

메르세데스 벤츠 E 클래스

세단

사람들이 많이 타는 승용차
예요. 문이 네 개고 뒷부분
에 트렁크가 있어요.

폭스바겐 제타 GLI

기아 스팅어

현대 아이오닉 6

BMW i7

쿠페

문이 두 개인 세단형 차예요.
지붕이 낮고 날씬해요.

BMW M240i

아우디 RS5 쿠페 컴페티션 플러스

해치백

차의 뒷좌석과 트렁크가
연결되어 있어요. 트렁크
에 문이 달려 있어요.

현대 i20

르노 클리오

BMW M5 투어링 스피드

왜건

뒷좌석과 트렁크가 연결되어
해치백과 비슷해요. 짐을 싣
는 공간이 더 넓어요.

왜건은
짐 싣기 좋아!

아우디 A5 아반트

현대 i30 왜건

현대 투싼 N라인

현대 디 올 뉴 싼타페

에스유브이(SUV)
험한 길도 잘 달리고 짐도 많이 실어요. 튼튼해서 여러 쓰임새로 많이 타요.

폭스바겐 테이론

아우디 Q7

경승용차(경차)
차가 작고 무게도 가벼워요. 엔진 배기량이 1000cc 미만으로 적어요.

기아 모닝

현대 더 뉴 캐스퍼

BMW M4 컨버터블

메르세데스 벤츠 SL43 AMG

컨버터블
차의 지붕을 열었다 닫았다 할 수 있어요. 두 명이 타는 차는 로드스터라고 해요.

맥라렌 아투라 스파이더

비가 올 때는 지붕을 닫으면 되겠다!

스포츠카
강력한 엔진이 달려 있어 아주 빨리 달려요. 차체가 낮고 스포츠용으로 많이 타요.

람보르기니 우라칸 테크니카

페라리 F80

페라리 12칠린드리 스파이더

리무진

대형 승용차예요. 운전석과 뒷좌석이 유리 칸막이로 나뉘어져 있어요. 세단보다 더 길어요.

캐딜락
XT5 리무진

닷지
듀랑고 리무진

엠피브이(MPV)

화물칸이 있는 자동차로 왜건과 비슷해요. 짐을 많이 실을 수 있어요. '밴'이라고도 해요.

현대 스타리아 라운지

르노 마스터

현대 스타리아 킨더

기아 카니발 하이리무진

버스

차비를 내고 타는 대형 합승 자동차예요. 시내 버스, 관광 버스, 고속 버스 등이 있어요.

현대 저상 전기 버스

바닥이 낮고 출입구에 계단이 없는 버스예요.

현대 초저상 버스

기아 대형 버스

현대 수소 전기 버스

현대 전기 이층 버스

기아 봉고 3 EV 트럭

현대 ST1 EV 카고

화물 자동차

짐을 실어 나르는 자동차예요. 크고 튼튼하게 만들어졌어요.

와, 길다! 짐을 많이 실을 수 있겠네!

현대 덤프 트럭

현대 화물 트럭

현대 이동 주유차

현대 냉장 탑차

현대 수소 전기 트럭

현대 청소차

현대 휠 굴착기

특수 자동차

특수한 일을 하기 위해 만들어진 자동차예요. 청소차, 소방차, 군용차, 굴착기 등이 있어요.

기아 군용차

현대 소방차

현대 크레인 카고 트럭

충전소에서 전기 채우기

박물관으로 가던 중 자동차에 전기를 채우기 위해 충전소에 들렀어요. 준과 지후네 가족은 지구가 깨끗해지기를 바라는 마음에서 친환경 전기 자동차로 바꾸었어요. 준과 지후를 따라 오던 차고가 충전소에 와서 충전하는 것을 도와주었답니다.

전기차 충전소

전기차는 배터리에 전기가 충전되어야 모터를 돌려 달릴 수 있어요. 모터를 돌리기 위해서는 전기차 충전소에서 전기를 충전해야 한답니다.

어머나, 로봇이 친절하게 도와주네! 고마워라.

친환경 자동차

하이브리드 자동차

엔진과 모터 두 가지의 동력 장치를 이용해 달리는 차예요. 휘발유나 경유, 전기를 연료로 쓰기 때문에 내연 기관 자동차보다 오염 물질이 적게 나와요.

현대 쏘나타 디 엣지 하이브리드

기아 니로 하이브리드

기아 엑시드 하이브리드

메르세데스 벤츠 E53 AMG 하이브리드

혼다 어코드 하이브리드

MG ZS 하이브리드

토요타 캠리 하이브리드

포드 레인저 플러그인 하이브리드

현대 산타페 하이브리드

현대 디 올 뉴 코나 하이브리드

더 뉴 아반떼 하이브리드

토요타 프리우스 하이브리드

수소연료 전지 자동차

수소를 충전해 수소연료 전지에서 만드는 전기 에너지로 모터를 돌려 달리는 차예요. 수소와 산소가 결합할 때 생기는 전기 에너지는 배기 가스 등의 오염 물질을 내보내지 않아요.

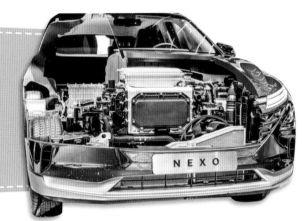

현대 넥쏘

토요타 미라이

앞으로 나오게 될 수소 연료 전지 차예요.

현대 이니시움

수소 충전소에서 수소를 충전해요. 수소연료 전지에서 전기가 만들어진 후 배터리에 저장돼요.

전기 자동차

차 밑의 배터리에 전기를 충전한 후 모터를 돌려 달리는 차예요. 전기 모터로 달려서 엔진 소음이 적고 오염 물질을 내보내지 않아요. 친환경 자동차로 불리며 사랑받고 있어요.

BMW i x1-e드라이브

기아 뉴 EV6

스코다 엔야크 RS iV

혼다 e.Ny1

루시드 그래비티

메르세데스 벤츠 EQS53 AMG

아우디 A6 스포트백 e트론

비야디 아토3

제네시스 g80 일레트리파이드

기아 EV3 GT라인

기아 EV9

쉐보레 실버라도 EV

테슬라에서 만든 완전 자율 주행 택시예요.

테슬라 로보택시 사이버캣

테슬라 사이버 트럭

전기차들은 오염 물질도 없고 소음도 적겠다!

CT&T e-픽업 트럭

CT&T e-밴
(우편 배달차)

CT&T e-카페테리아

CT&T C 존 NEV

CT&T e-윙바디

교통 정리를 하는 차고

앗, 차들이 부딪쳐서 교통 사고가 났나 봐요. 경찰차와 구급차, 소방차, 견인차도 달려왔지요. '차고가 도와주면 좋을 텐데!' 준의 마음을 알았는지 어느새 차고가 변신해 경찰관 아저씨와 교통 정리를 하기 시작했어요.

여러 가지 구조차

구급차

구급차나 응급차는 몸이 아프거나 다친 사람들을 병원으로 싣고 가요.

응급차

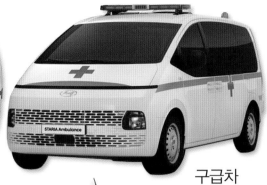
구급차

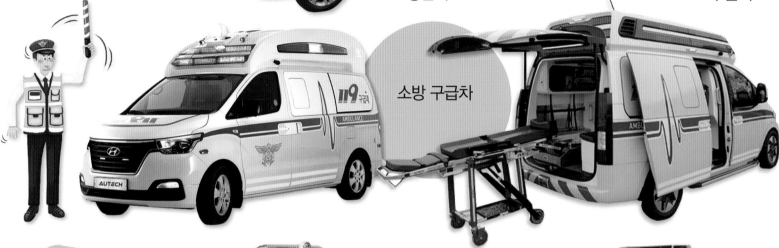
소방 구급차

경찰차

경찰차는 경찰관들이 일을 할 때 타고 다니는 차예요.

경찰차

소방차

소방차는 불이 난 곳에서 불을 끄고 사람을 구하는 차예요. 여러 소방 장비와 사다리, 물탱크 등이 있는 소방차가 있어요.

화학 소방차

구조 소방차

구조 공작차

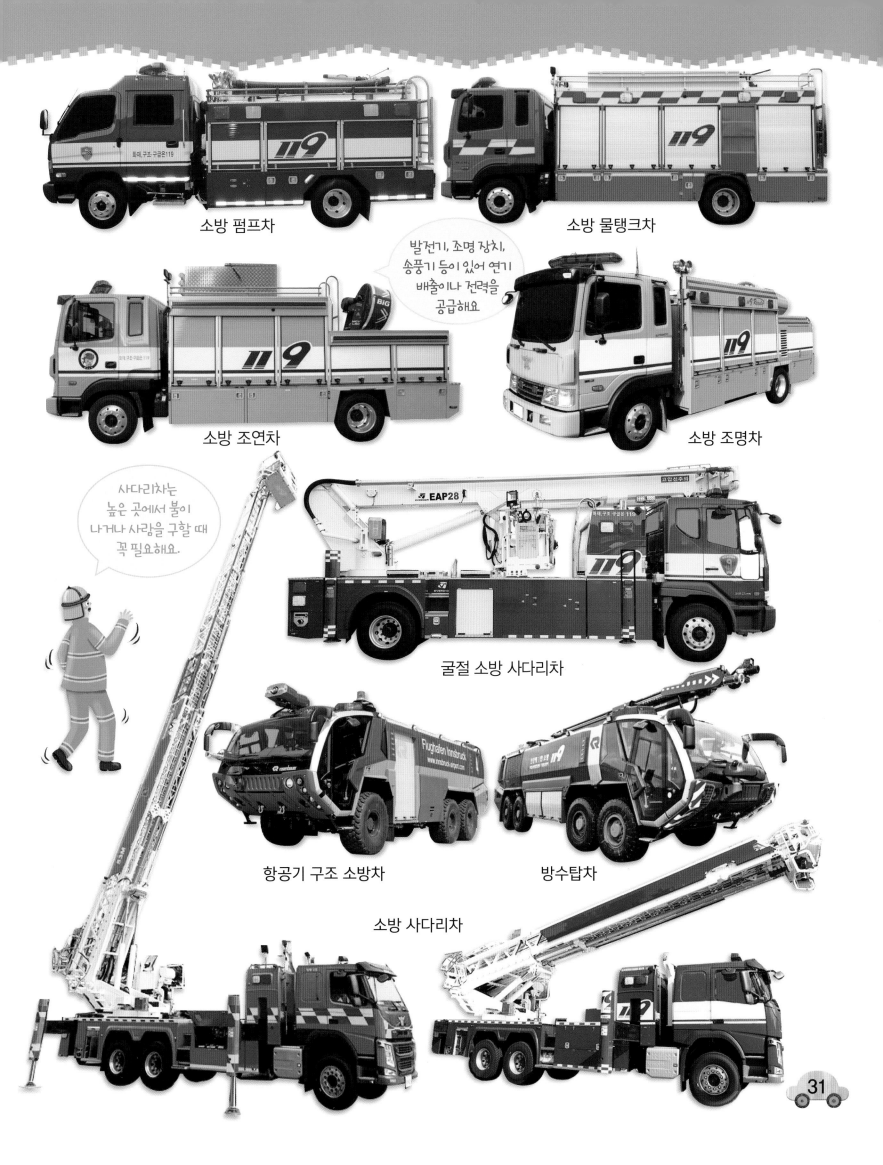

소방 펌프차

소방 물탱크차

발전기, 조명 장치, 송풍기 등이 있어 연기 배출이나 전력을 공급해요

소방 조연차

소방 조명차

사다리차는 높은 곳에서 불이 나거나 사람을 구할 때 꼭 필요해요.

굴절 소방 사다리차

항공기 구조 소방차

방수탑차

소방 사다리차

졸음 운전은 너무 위험해!

고속 도로에 접어들자 여러 가지 차들이 보였어요. 관광 버스, 탑차, 캠핑 카도 보였지요. 그런데 관광 버스가 제멋대로 달리며 차선을 지키지 않았어요. 운전기사 아저씨가 졸음 운전을 하는 것 같았지요. 그때 지후네 차를 따라오던 차고가 버스 창문을 두드리며 말했어요. "아저씨, 위험해요! 졸음 운전은 절대 안 돼요!"

앗, 위험하다!
관광 버스가 삐뚤빼뚤
차선을 계속 벗어나
달리네.

사고를 막는 차선

자동차 도로에 차가 달리는 방향을 따라 일정한 간격으로 그어 놓은 선이에요. 차들은 반드시 차선을 따라 달려야 해요. 차선을 지키지 않으면 차들끼리 부딪쳐서 위험하답니다.

여러 가지 버스

어린이 버스는 내 옷처럼 노란색이네!

버스

버스는 많은 사람이 함께 타는 큰 차예요. 운전사가 정해진 길을 따라 운전을 하면서 가지요. 승객은 돈을 내고 원하는 곳까지 타고 갈 수 있답니다.

현대 어린이 버스

현대 마을 버스

현대 중형 버스

현대 중형 전기 버스

현대 천연가스 시내 버스

이층 버스

현대 전기 이층 버스

지붕이 높은 이층 버스

이층 버스는 이층으로 되어 있어 사람들이 많이 탈 수 있어요. 관광객들을 태우고 다니는 시티 투어 버스는 이층 버스가 많아요.

현대 전기 버스

현대 수소 전기 버스

구부러지는 굴절 버스
굴절 버스는 버스 두 칸을
연결해서 사람들을 많이
태울 수 있어요. 구부러진
도로에서도 휘어지면서
잘 달려요.

와, 버스가
구부러지며
달리다니!

현대 굴절 버스

현대 모바일 오피스 버스(사무실처럼 사용하는 버스)

현대 관광 버스(관광객들을 태우고 다니는 버스)

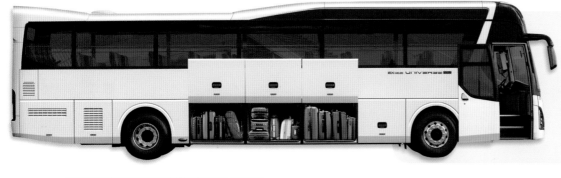

빠르고 안전한 고속 버스
고속 버스는 먼 곳을 가거나
여행을 갈 때 타는 버스예요.
고속 도로에서 빠르게 달리기
때문에 목적지까지 빨리 가요.

월드컵 버스
월드컵이 열릴 때 축구
선수들과 스태프들을
태우고 다니는 월드컵
전용 버스예요.

35

여러 가지 캠핑카

캠핑카

캠핑카는 놀러가서 편리하게 지낼 수 있는 차예요. 차에서 잠도 자고 씻고 음식도 해먹을 수 있어요.

벤츠 캠핑카

캠핑카에서 자면 별도 보고 너무 재미있겠다!

캠핑캠퍼 칸 RS

하이머 캠핑카

현대 캠핑카 포레스트

캠핑 트레일러 (캠핑카에 연결하는 차)

닷지 캠핑 트레일러

쇼송 캠핑카

제일모빌 캠핑카

여러 가지 탑차

탑차

탑차는 지붕이나 뚜껑이 있는 화물 자동차예요.
여러 탑차 중에서 짐칸의 양쪽 옆문이 날개처럼
열리는 차를 윙바디라고 해요.

기아 냉장 탑차

기아 냉동 탑차

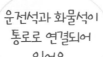

운전석과 화물석이
통로로 연결되어
있어요.

기아 워크스루밴

현대 내장 탑차

벤츠 대형 탑차

현대 냉동 탑차

현대 윙바디 탑차

현대 ev 윙바디 탑차

자동차 박물관 구경하기

드디어 자동차 박물관에 도착했어요. 큰 박물관 안에는
오래된 자동차들부터 최신 자동차들까지 있었어요. 모두
들 천천히 자동차들을 둘러보기로 했지요. 하지만 준과
지후는 신이 나서 열심히 자동차를 구경하러 다녔어요.
본래 모습대로 작아진 차고도 함께 말예요!

박물관에서는
뛰지말고 조용히
봐야 한다.

우리나라의 자동차 박물관

우리나라에는 여러 자동차 박물관이 있어요. 제주도의 세계자동차 박물관, 용인의 삼성교통 박물관, 울산 주연자동차 박물관, 강원도 인제스피디움 클래식카 박물관 등에서는 오래된 자동차인 클래식카부터 최신 자동차까지 다양한 자동차들을 구경할 수 있어요. 또한 경기도 고양시의 현대 모터스튜디오 고양, 인천광역시의 BMW 드라이빙 센터 등에서는 자동차와 관련된 즐거운 체험도 할 수 있답니다.

시발은 1955년 최무성 형제가 만든 지프형 자동차예요. 엔진은 지프에서 떼어 달고 차체는 드럼통을 펴서 만들었지요. 우리나라에서 최초로 만든 자동차랍니다.

튼튼해 보여서 잘 달릴 것 같은데!

이 차가 바로 우리나라에서 처음 만든 자동차구나!

1907년, 피아트 130 HP
그랑프리(이탈리아)

1909년, 끌레망
바야드(프랑스)

1907년, 롤스로이스
실버고스트(영국)

1910년, 프랭클린
모델 G 투어링(미국)

나도 자동차
경주 대회에
나가 볼까?

1910년, 아우디
타입 B(독일)

아우디의 첫차

독일의 아우디 자동차가 1932년 현재의 엠블럼을
사용하기 전 '아우디'란 이름을 달고 나온 첫
차예요. 자동차 경주 대회에 나가 우승도 했어요.

1912년, 피아트
HP 제로(이탈리아)

1929년, 알파 로메오
6C 1750 SS(이탈리아)

1928년, 부가티 타입 35 (프랑스)

1930년, 코드 L 29
카브리올레(미국)

1933년, BMW
303 리무진(독일)

1934년, 애스턴 마틴
1.5 마크 II(영국)

1935년,
벤틀리 스페셜(영국)

벤츠 로드스터
1935년에 나온 벤츠의 스포츠
로드스터예요. 4기통 엔진에
최대 속도 140킬로미터까지
달렸다고 해요.

1935년, 메르세데스 벤츠 150(독일)

1936년, 재규어 SS 100(영국)

1936년, 뷰익 센트리(미국)

대형 엔진 자동차
캐딜락의 V형 12기통
차예요. 대형 엔진을
얹어 소음이 크고
배기 가스가
엄청 많이
나왔어요.

1937년,
캐딜락 V12(미국)

1937년,
포드 쿠페(미국)

41

자동차 이름표 엠블럼

엠블럼은 자동차 브랜드를 나타내는 장식물로, 차의 이름표와 같아요. 자동차를 만든 회사의 이름이나 차의 이름 등을 멋지게 디자인하여 마크로 만든 거예요.

람보와 함께 가는 자동차 여행

이곳저곳 박물관을 구경하다 보니 문이 위쪽으로 열리는 파란 자동차가 보였어요. 그런데 파란 자동차가 말을 걸어오지 뭐예요! "얘들아, 안녕! 내 이름은 람보야. 나를 타 보렴. 자동차에 대해 궁금한 것들을 알려줄게." 준과 지후가 자동차에 올라 탄 순간 문이 닫히며 환한 빛이 뿜어져 나왔답니다.

나랑 자동차 시간 여행을 떠나 볼래? 너희들이 좋아하는 자동차가 어떻게 발달해 왔는지 알 수 있단다!

세계 여러 나라 자동차 1

E-3008

푸조
(프랑스, 1885년 설립)

E-208

E-5008

9X8

408

E-2008

FIAT 피아트
(이탈리아, 1899년 설립)

500 3+1

600e 아바스

토폴리노

그란데 판다

500 카브리오 라 프리마

RENAULT 르노
(프랑스, 1899년 설립)

시닉 E 테크

메간 RS

닷지
(미국, 1900년 설립)

차저 데이토나 4도어

호넷

캐딜락
(미국, 1902년 설립)

CT5

에스컬레이드 IQ

에스컬레이드

옵틱

포드
(미국, 1903년 설립)

카프리

익스페디션

익스플로러

레인저 랩터

브롱코 스포츠

이스케이프

머스탱 마하 E-랠리

머스탱 GTD

BUICK
뷰익
(미국, 1903년 설립)

엔비스타

엔클레이브

롤스로이스
(영국, 1906년 설립)

고스트 시리즈 II

고스트 블랙 배지 시리즈 II

드롭테일 라 로즈 누아르

컬리넌 시리즈 II

스펙터

야호, 나처럼 진짜
잘 달리겠는걸!

BUGATTI
부가티
(프랑스, 1909년 설립)

W 16 미스트랄

투르비용

46

ASTON MARTIN
애스턴 마틴
(영국, 1913년 설립)

DBS 770 얼티밋 볼란테

밴티지

발리언트

DB 12

발할라

뱅퀴시

그란카브리오 트로페오

마세라티
(이탈리아, 1914년 설립)

우아, 한번 타 보고 싶다!

MC 20 씨엘로

그란카브리오 폴고레

BMW
(독일, 1917년 설립)

X-5 M 컴페티션

X3

i7-M70 X 드라이브

iX2

스카이탑

M3 세단

i5 투어링

M440i 쿠페

미쓰비시
(일본, 1917년 설립)

eK-X EV

X포스

이클립스 크로스

L200

LINCOLN
링컨
(미국, 1917년 설립)

코세어 그랜드 투어링

내비게이터

코세어

에비에이터

노틸러스

BENTLEY
벤틀리
(영국, 1919년 설립)

플라잉스퍼

플라잉스퍼 스피드

벤테이가

바투르 컨버터블

컨티넨탈 GT 스피드

벤테이가 EWB

시트로엥
(프랑스, 1919년 설립)

아미

C4

베를링고

C3 에어크로스

MAZDA
마쓰다
(일본, 1920년 설립)

EZ- 6 CN 버전

CX-80

CX-90

CX 70

jaguar
재규어
(영국, 1922년 설립)

E 페이스

F 타입

F 페이스 SVR 에디션

F타입 컨버터블

CHRYSLER

크라이슬러
(미국, 1925년 설립)

300 C

300

퍼시피카

VOLVO

볼보
(스웨덴, 1926년 설립)

C40 리차지

와, 내가 정말
좋아하는 파란색
자동차다!

XC40 리차지

EM90

EX30

XC60

XC90

EX90

51

세계 최초의 증기 자동차를 만나다

"와, 여기가 어디지? 먼저 눈을 뜬 지후가 물었어요. "여긴 1700년대 프랑스야. 저건 세계 최초의 자동차인 증기 자동차란다." 람보가 대답하는 순간 준이 소리쳤어요. "저것 봐! 큰일났어!" 증기 자동차가 멈추질 못하고 그만 담벼락을 들이받았거든요! 재빨리 로봇으로 변신한 차고가 달려가 붙잡았지만 이미 늦었답니다.

에구, 부딪쳤다! 멈출 수가 없는데 어떡하지?

앗, 증기 자동차를 멈추게 할 수 없나 봐!

세계 최초의 교통 사고

1769년 프랑스의 군인 조셉 퀴뇨는 최초의 증기 자동차를 만들었어요. 무거운 대포들을 끌고 가기 위해서였지요. 증기 자동차는 커다란 구리 보일러에 물을 부어 끓여서 나오는 증기의 힘으로 움직였어요. 하지만 차를 멈추게 하는 브레이크가 없어서 바로 사고가 났어요. 이것이 바로 세계 최초의 교통 사고랍니다.

휘발유 엔진이 달린 삼륜차와 사륜차

"어, 저건 바퀴가 세 개 달린 차 같기도 한데?" 준이 고개를 갸우뚱하며 말했어요.
"맞아. 저 삼륜차는 최초의 휘발유 엔진을 단 자동차란다. 증기 자동차보다 훨씬
가볍고 빠르지." 람보가 말했어요. "그리고 저건 삼륜차에 이어 나온 사륜차란다.
휘발유 엔진이 달린 삼륜차와 사륜차를 시작으로 자동차가 발전하게 되었단다."

삼륜차를 처음 운전한 용감한 베르타

벤츠가 만든 세계 최초의 휘발유 엔진 자동차인 삼륜차는 어떻게 유명해졌을까요? 바로 벤츠의 용감한 아내 베르타 때문이었어요. 1888년, 베르타는 직접 삼륜차를 운전하고 100킬로미터나 되는 어머니 집으로 여행을 떠났어요. 베르타 덕분에 많은 사람들이 벤츠의 삼륜차를 알게 되었답니다.

와, 편하다!
마차를 타고 다닐 때
보다 훨씬 좋네.

자동차의 탄생

태엽 자동차

1482년, 이탈리아의 화가이자 과학자인 레오나르도 다빈치는 최초로 태엽으로 달리는 자동차를 생각해 냈어요. 하지만 그림으로만 남아 있고, 실제로는 만들어지지 않았다고 해요.

1482년, 다빈치 태엽 자동차

1769년, 퀴뇨 증기 자동차

증기 택시

1801년, 영국의 발명가 리처드 트레비식은 증기 기관을 이용해 증기 택시를 만들었어요. 큰 도시에서 사람들이 타고 다녔지만, 사고도 많았답니다.

다임러 사륜차

1886년, 독일의 고틀리프 다임러는 바퀴가 네 개 달린 휘발유 엔진 자동차를 만들었어요. 나중에 벤츠의 자동차 회사와 함께 튼튼하고 멋진 자동차를 만들었답니다.

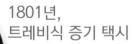

1801년, 트레비식 증기 택시

1885년, 다임러 이륜차

1886년, 다임러 사륜차

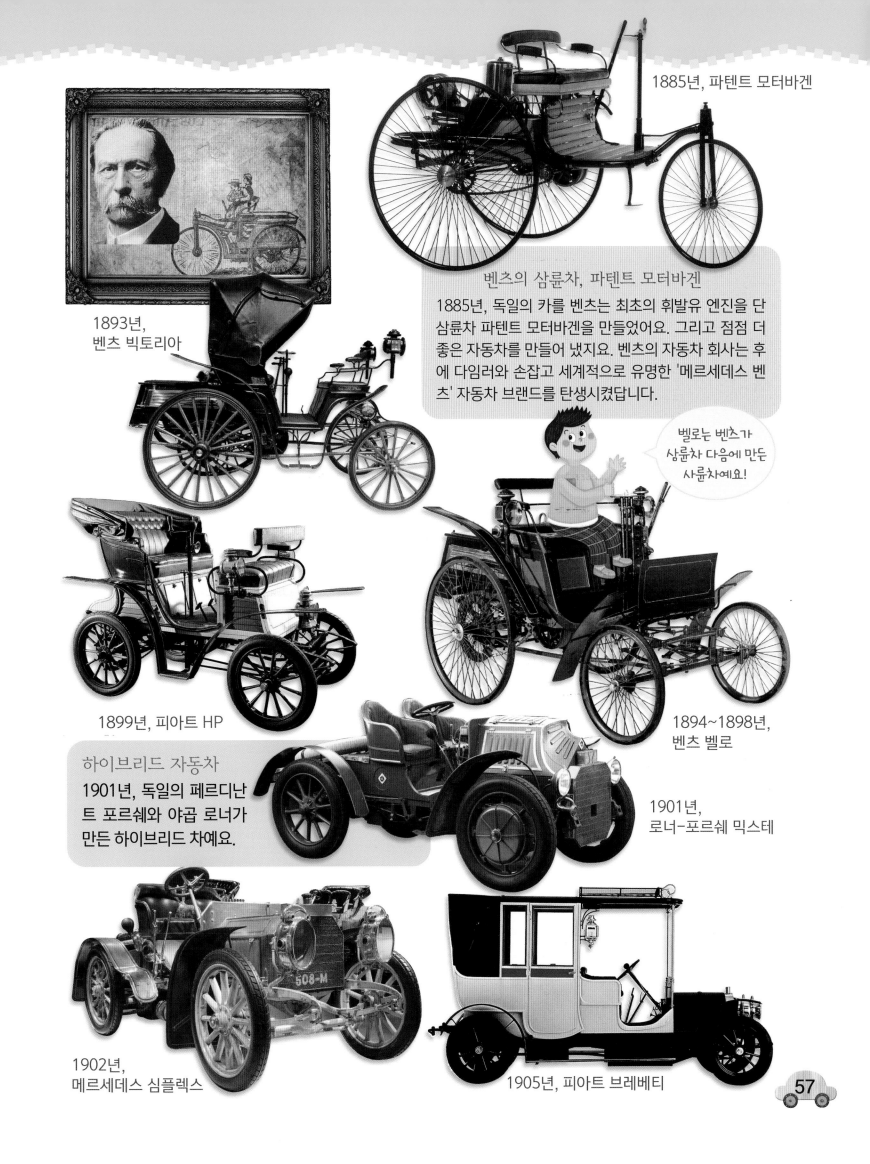

1885년, 파텐트 모터바겐

1893년,
벤츠 빅토리아

벤츠의 삼륜차, 파텐트 모터바겐

1885년, 독일의 카를 벤츠는 최초의 휘발유 엔진을 단 삼륜차 파텐트 모터바겐을 만들었어요. 그리고 점점 더 좋은 자동차를 만들어 냈지요. 벤츠의 자동차 회사는 후에 다임러와 손잡고 세계적으로 유명한 '메르세데스 벤츠' 자동차 브랜드를 탄생시켰답니다.

벨로는 벤츠가 삼륜차 다음에 만든 사륜차예요!

1899년, 피아트 HP

하이브리드 자동차

1901년, 독일의 페르디난트 포르쉐와 야콥 로너가 만든 하이브리드 차예요.

1894~1898년,
벤츠 벨로

1901년,
로너-포르쉐 믹스테

1902년,
메르세데스 심플렉스

1905년, 피아트 브레베티

처음으로 자동차를 탄 임금님

"여긴 또 어딜까? 저 궁궐 문 앞의 자동차에 누군 가 타고 있네!" 궁궐 문 앞에는 멋진 자동차와 함께 인력거와 마차, 가마도 지나가고 있었어요. "여긴 1900년대 초의 대한민국이야. 저 차는 임금님이 타 는 어차란다. 대한민국 최초로 자동차를 탄 사람은 고종 황제야." 람보가 친절하게 알려주었답니다.

사람이 끌고 가는 건 인력거, 말이 끌고 가는 건 마차, 사람들이 들고 가는 건 가마구나!

오늘 탄 사람은 무겁지 않아서 힘이 덜 드네!

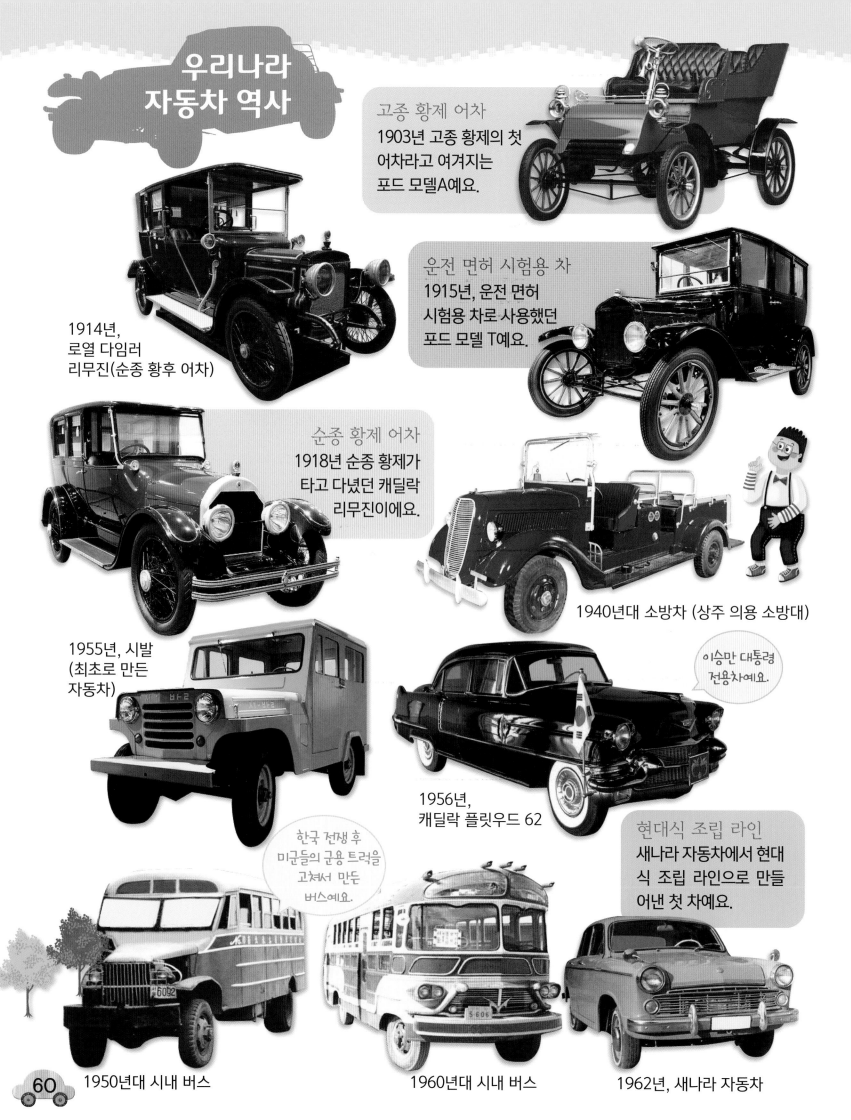

우리나라 자동차 역사

고종 황제 어차
1903년 고종 황제의 첫 어차라고 여겨지는 포드 모델A예요.

1914년, 로열 다임러 리무진(순종 황후 어차)

운전 면허 시험용 차
1915년, 운전 면허 시험용 차로 사용했던 포드 모델 T예요.

순종 황제 어차
1918년 순종 황제가 타고 다녔던 캐딜락 리무진이에요.

1940년대 소방차 (상주 의용 소방대)

1955년, 시발 (최초로 만든 자동차)

한국 전쟁 후 미군들의 군용 트럭을 고쳐서 만든 버스예요.

1956년, 캐딜락 플릿우드 62

이승만 대통령 전용차예요.

현대식 조립 라인
새나라 자동차에서 현대식 조립 라인으로 만들어낸 첫 차예요.

1950년대 시내 버스

1960년대 시내 버스

1962년, 새나라 자동차

1967년, 신진 퍼블리카
(우리나라 첫 쿠페)

1962년,
기아 삼륜 트럭

1976년, 현대 포니

우리 기술력의 첫 차
현대 자동차에서 만든
포니는 우리나라 기술력
으로 만든 첫차예요.

1978년, 현대 고속버스

1981년, 기아 봉고 코치

우리나라에서
처음으로 만든
경차예요.

1983년, 대우 맵시나

1990년, 대우 티코

우리나라 첫 스포츠카
1992년부터 1994년까지 쌍용 자동차에서
만든 후륜 구동
스포츠카예요.

1994년, 쌍용 칼리스타

1999년, 현대 에쿠스

2007년, 현대 엘란트라(한국)

2010년, 현대 액센트

61

헨리 포드의 컨베이어 벨트 시스템

미국의 헨리 포드는 1903년 포드 자동차 회사를 만들었어요. 포드는 부자들만 타고 다니는 자동차를 많은 사람들이 타면 좋겠다고 생각했어요. 그래서 1913년 컨베이어 벨트 시스템(조립 라인)을 이용해 값이 싸고 튼튼한 포드 모델 T(틴 리찌)를 대량으로 만들어냈어요. 똑같이 생긴 차를 한꺼번에 많이 만들어내면서 자동차 값도 줄일 수 있었지요. 포드 모델 T는 당시 미국에서 많은 인기를 누렸답니다.

모두들 힘을 내서 열심히 일하네. 오늘은 자동차가 더 많이 만들어져 나오겠는걸!

자동차를 만들고 또 만들고!

"와, 자동차들이 계속 만들어져 나오네." 이번에는 자동차 공장으로 왔어요. "얘들아, 여기는 1910년대 포드 자동차 공장이야. 컨베이어 벨트 시스템이라는 조립 라인을 이용해 자동차를 한꺼번에 많이 만들어내는 모습이란다." 준과 지후는 자동차가 줄줄이 만들어지는 모습이 신기하기만 했어요.

와, 똑같이 생긴 차들이 계속 만들어지네.

포드의 컨베이어 벨트 시스템 이후로 자동차가 엄청나게 많이 만들어지기 시작했단다.

힘껏 고속 도로를 달려 볼까?

람보는 비틀과 함께 1930년대 독일의 고속 도로를 나란히 달렸어요. "안녕 비틀, 어디 가니?" 람보가 물었어요. "안녕! 가족들을 태우고 놀러가는 중이야." 딱정벌레처럼 생긴 귀여운 비틀이 대답했지요. "우리 지금부터 이 고속 도로를 힘껏 달려 볼까?" 람보의 말에 비틀이 "야호!" 하고 소리치며 신나게 달려갔답니다.

그래 맞아. 딱정벌레처럼 작고 귀엽지만, 나는 매우 튼튼한 차란다!

와, 정말 딱정벌레처럼 작고 귀엽게 생겼네!

귀엽고 튼튼한 비틀

독일 폭스바겐 자동차 회사의 비틀은 1938년에 만들어진 소형 자동차예요. 이후 독일의 튼튼한 국민차로서 사람들이 즐겨 타는 차가 되었지요. 80여 년 간 귀엽고 세련된 이미지로 전 세계 사람들에게 큰 사랑을 받아왔어요. 하지만 2018년 이후로 더는 생산하지 않는답니다.

자동차 전용 고속 도로 아우토반

독일의 자동차 전용 고속 도로예요. 1930년대 독일의 쾰른과 본 사이에 아우토반이 놓이기 시작하면서 독일의 큰 도시들이 하나로 연결되었어요. 고속 도로 덕분에 경제도 쑥쑥 살아나기 시작했지요. 속도 제한이 없는 곳에서는 200킬로미터 넘게 쌩쌩 달릴 수 있답니다.

이곳은 아우토반이니까 마음껏 속도를 내도 괜찮겠지!

세계의 명차 2

1938년, 시트로엥
트랙숑 아방(프랑스)

1948년,
크라이슬러 윈저(미국)

1938년, 폭스바겐 비틀(독일)

갈매기 날개 문이 달린 걸윙
걸윙은 갈매기 날개 모양의 문이 달린
차예요. 한 시간에 230킬로미터나 갈
만큼 아주 빨랐어요. 오늘날까지 매우
뛰어난 자동차로 손꼽혀요.

1954년, 메르세데스 벤츠 300 SL 걸윙(독일)

1958년, 캐딜락 엘도라도(미국)

1962년, 로터스 엘란(영국)

1964년, 포르쉐 911 카레라 카브리올레(독일)

1965년, 홍치 CA770
리무진(중국)

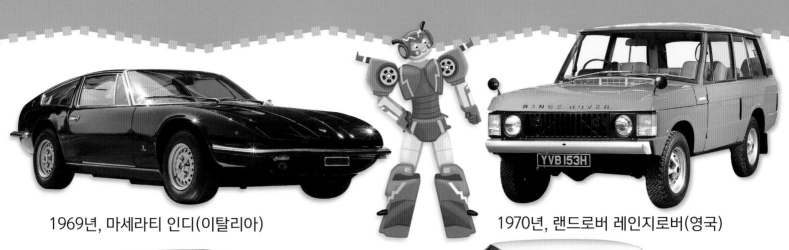

1969년, 마세라티 인디(이탈리아)

1970년, 랜드로버 레인지로버(영국)

1970년, 알파 로메오 몬트리올(이탈리아)

1978년, 피아트 131
슈퍼 미라피오리(이탈리아)

1981년, 람보르기니 잘파(이탈리아)

1995년 르망
24시간 경주 대회에서
우승한 차예요.

1995년, 맥라렌 F1 GTR(영국)

1999년, BMW 328Ci 쿠페

2012년, 크라이슬러 300 SRT8(미국)

2023년, 모건 슈퍼3(영국)

2024년, BMW X2 M35i(독일)

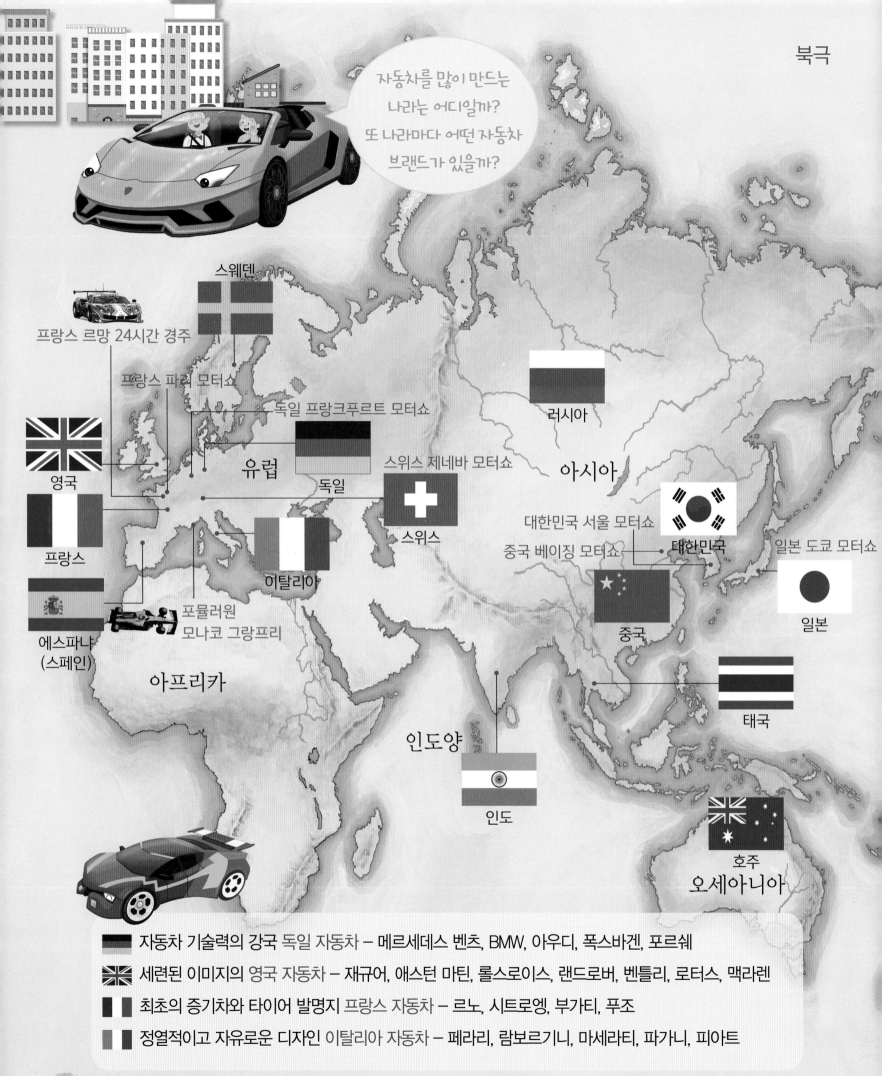

자동차를 많이 만드는 나라는 어디일까? 또 나라마다 어떤 자동차 브랜드가 있을까?

프랑스 르망 24시간 경주

프랑스 파리 모터쇼

독일 프랑크푸르트 모터쇼

스웨덴

영국

유럽

독일

스위스 제네바 모터쇼

러시아

아시아

프랑스

스위스

이탈리아

대한민국 서울 모터쇼

중국 베이징 모터쇼

대한민국

일본 도쿄 모터쇼

에스파냐 (스페인)

포뮬러원 모나코 그랑프리

아프리카

중국

일본

태국

인도양

인도

호주

오세아니아

■ 자동차 기술력의 강국 독일 자동차 – 메르세데스 벤츠, BMW, 아우디, 폭스바겐, 포르쉐

🇬🇧 세련된 이미지의 영국 자동차 – 재규어, 애스턴 마틴, 롤스로이스, 랜드로버, 벤틀리, 로터스, 맥라렌

■ 최초의 증기차와 타이어 발명지 프랑스 자동차 – 르노, 시트로엥, 부가티, 푸조

■ 정열적이고 자유로운 디자인 이탈리아 자동차 – 페라리, 람보르기니, 마세라티, 파가니, 피아트

자동차를 만드는 나라

자동차를 가장 많이 만드는 나라는 독일, 중국, 미국, 일본 등이에요. 프랑스, 인도, 멕시코, 브라질, 에스파냐, 태국 등의 나라에서도 많은 자동차를 만들어요. 우리나라도 세계에서 손꼽힐 정도로 자동차를 많이 만들지요. 일찍부터 자동차를 만든 독일, 영국, 미국, 이탈리아, 일본 등은 세계적으로 유명한 자동차 브랜드를 가지고 있답니다.

북아메리카

캐나다

태평양

미국 디트로이트 모터쇼

미국 인디애나폴리스 500마일 경주

대서양

미국

멕시코

나라마다 유명한 자동차 브랜드가 있어요.

브라질

남아메리카

전기차로 뛰어난 우리나라 자동차 – 현대, 기아, 제네시스, KG 모빌리티, 르노코리아, 쉐보레코리아

크고 성능이 좋은 미국 자동차 – 캐딜락, 포드, 뷰익, 링컨, 크라이슬러, 쉐보레, 지프, 닷지, 테슬라

고장이 적고 소형차가 발달한 일본 자동차 – 마쓰다, 닛산, 토요타, 혼다, 렉서스, 인피니티, 미쓰비시

튼튼하고 안전한 스웨덴 자동차 – 볼보

남극

자동차 생산 과정

1. 디자인
자동차를 어떻게 만들지 모양을 바꾸어 가며 디자인해요.

2. 프레스 공정
디자인 형태에 따라 커다란 철판을 자동차 모양으로 잘라내요. 그리고 차의 몸체인 차체를 만들어요.

완성!

6. 검사
차가 완성되면 이상이 없는지 꼼꼼히 살펴보고 검사해요.

아무 이상이 없는지 꼼꼼히 살펴봐야지!

앞으로는 컨베이어 벨트 라인 없이 로봇이 자동차를 조립할 거예요.

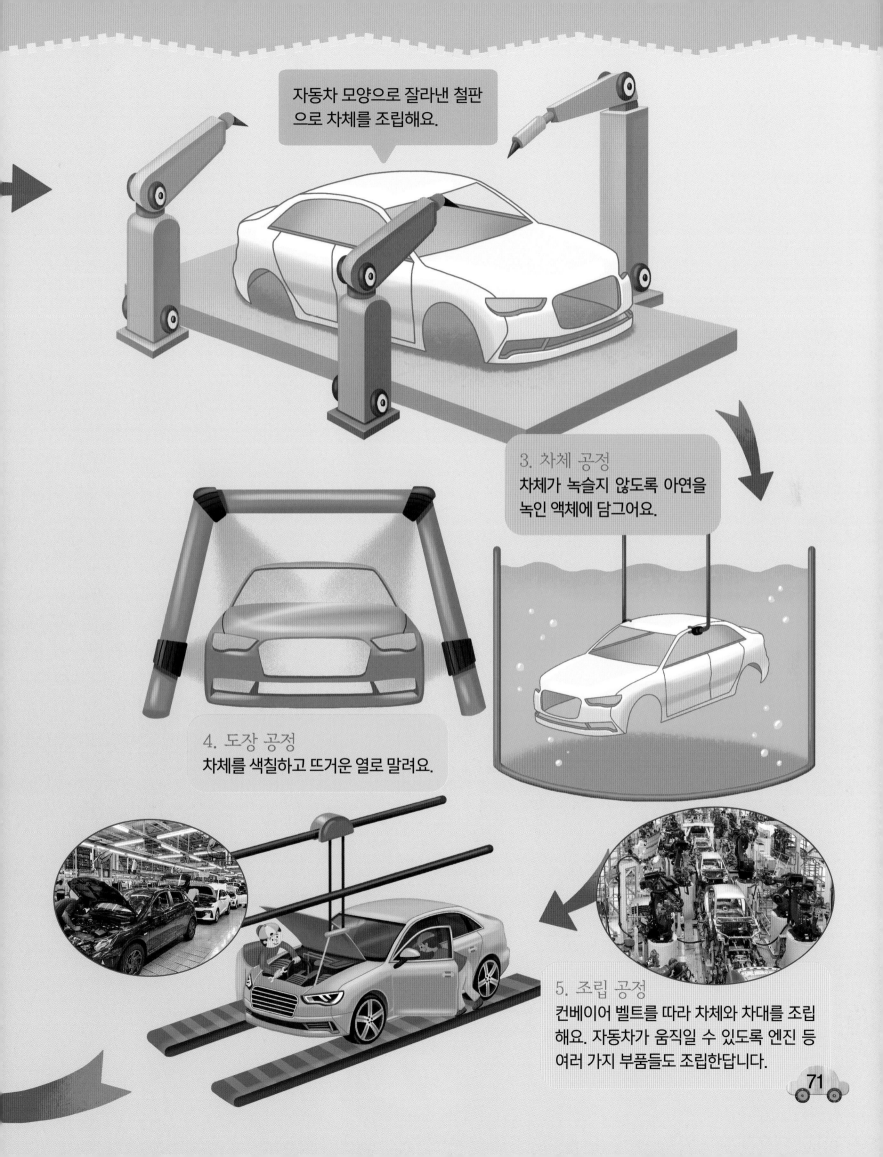

자동차 모양으로 잘라낸 철판
으로 차체를 조립해요.

3. 차체 공정
차체가 녹슬지 않도록 아연을
녹인 액체에 담그어요.

4. 도장 공정
차체를 색칠하고 뜨거운 열로 말려요.

5. 조립 공정
컨베이어 벨트를 따라 차체와 차대를 조립
해요. 자동차가 움직일 수 있도록 엔진 등
여러 가지 부품들도 조립한답니다.

71

자동차의 구조

◀ 차대

자동차 안의 차대는 차가 달리는 데 필요한 장치들로 이루어져 있어요. 엔진, 동력 전달 장치, 브레이크, 조향 장치 등이 있어요.

아우디 SQ7, 나보다 성능이 훨씬 좋잖아!

차체 ▶

자동차가 달릴 때 운전자를 보호해 주는 차의 몸체예요. 엔진룸, 트렁크, 지붕, 범퍼, 옆판, 바닥 등이 포함돼요.

엔진

◀ 엔진룸

자동차가 달리는 힘을 만들어 내는 엔진이 있는 곳이에요.

▲ 보닛

자동차 엔진룸을 덮어 주는 덮개예요.

와, 자동차는 이런 복잡한 것들이 모여 만들어지는구나!

◀ 트렁크(화물칸)

자동차 뒤쪽에 짐을 싣거나 캠핑용으로도 쓰는 공간이에요.

▼ 범퍼

자동차 앞뒤에서 사람과 차체를 보호해 주어요.
플라스틱 범퍼는 부딪쳤을 때 충격을 잘 견뎌내요.

앞 범퍼

뒤 범퍼

▲ 선루프

위로 열리는 자동차의 지붕이에요.
빛과 공기가 들어와요.

▲ 전조등

자동차 앞의 등이에요. 어두워지거나
날씨가 안 좋을 때 앞을 비추어 줘요.

▲ 미등

자동차 뒤에 달린 등이에요.
안전하게 달리도록 도와줘요.

▲ 실내등

자동차 안을 밝혀 주는 등이에요.

◀ 운전석

자동차가 움직일 수 있도록
여러 장치들이 모인 곳이에요.
운전자가 운전대를 잡고 차의
진행 방향을 조종해요.

▲ 운전대(핸들)

▲ 룸미러

운전석 위의 작은 거울이에요.
운전할 때 차 뒤쪽을 보여줘요.

▲ 사이드미러(후사경)

자동차 앞쪽 옆면에 달린
거울로 뒤쪽 차를 보여줘요.

▲ 배기구(머플러)

엔진에서 생긴 가스를
밖으로 내보내요.

▲ 에어백
자동차 사고가 났을 때 풍선처럼
부풀어올라 사람을 보호해 줘요.

▲ 앞유리
운전할 때 앞을 잘 볼 수 있게 해줘요.
유리 사이에 보호 필름이 들어 있어
깨지거나 금이 잘 가지 않아요.

와, 신기하다!
자동차 유리창에
차량 정보를
표시해 주다니!

▲ 헤드업 디스플레이
차량의 앞 유리창에 운전과
관련된 정보를 표시해 줘요.
전방 시현기라고 해요.

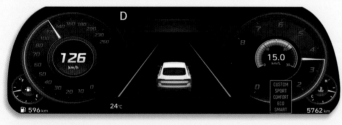

▲ 계기판
자동차가 달릴 때 속도, 거리 등
안전에 필요한 것들을 알려 줘요.

◀ 내비게이션
자동차를 운전할
때 길을 알려주는
장치예요.

▲ 시스템 화면
차 안을 따듯하게 해주는 히터, 시원하게 해주는
에어컨, 공기를 깨끗이 해주는 공기 청정 시스템,
소리를 들려주는 사운드 시스템 등 편리하고
안전한 운전을 위해 사용하는 장치예요.

사운드 시스템

공기 청정기

▲ 시동 버튼
자동차가 움직이게끔
시동을 걸어 줘요.

▼ 키(자동차 열쇠)자동차 문을 잠그거나 열 때, 시동을 걸 때 필요해요.

디지털 키

▼ 기어 자동차가 빨리 달리거나 높은 곳 등을 달릴 때 필요한 힘이나 속도를 내게끔 해주는 장치예요.

다이얼식 기어   스틱형 기어   버튼식 기어   전동식 파킹 브레이크

아이오닉 5가
전기차 충전을
하고 있어요.

전기차 충전용 케이블

▲ 충전구
전기차가 달릴 수 있도록
전기를 충전하는 곳이에요.

나도 최첨단
자동차 시스템을
가지고 있지!

▲ 바퀴
자동차를 달리게 해줘요. 자동차마다
바퀴 안 휠의 크기와 모양이 다양해요.

휠

▲ 페달
운전자가 차의 속도를
내거나 줄일 때 발로
밟으며 사용해요.

이곳은 차의 뼈대,
즉 차대를 만드는 곳이란다.
차대를 만들어 차의 몸체인
차체와 조립하는 거지.

복잡하게 만들어지는 자동차

"람보! 나는 우리나라 자동차 공장에 가 보고 싶어." 지후의 바람대로 우리나라 자동차 공장으로 왔어요. "와, 차가 만들어지려면 정말 까다로운 과정을 거치는구나. 사람들의 노력과 복잡한 기계, 로봇도 필요하고 말이야. 그런데 람보, 난 네가 어떻게 만들어지는지도 궁금해!" 준의 부탁에 모두 람보가 태어난 곳에 가보기로 했답니다.

우리나라 자동차

KIA
Movement that inspires

기아자동차
(1944년 설립)

모닝 GT 라인

스팅어

K9

더뉴 K8

더 뉴 K5

쏘울

레이 EV

레이

니로 EV

니로 플러스 택시

EV9

EV6

EV3

더 뉴 스포티지

쏘렌토

모하비

타스만

셀토스

더 뉴 카니발

카니발 하이리무진

HYUNDAI

현대자동차
(1967년 설립)

아이오닉 9

더 뉴 아이오닉 5

아이오닉 6

더 뉴 아반떼

더 뉴 아반떼 N

쏘나타 디 엣지 하이브리드

쏘나타 디 엣지 N 라인

디 올 뉴 그랜저

디 올 뉴 그랜저 택시

넥쏘

디 올 뉴 코나

디 올 뉴 코나 일렉트릭

더 뉴 캐스퍼

베뉴

더 뉴 투싼

더 뉴 투싼 N 라인

디 올 뉴 팰리세이드

디 올 뉴 싼타페

스타리아

스타리아 킨더

차 타고 친구들 만나러 유치원 가야지.

스타리아 소방특수 구급차

스타리아 라운지 리무진

스타리아 구급차

스타리아 캠퍼

스타리아 휠체어 리프트

쏠라티 밴

82

GENESIS

제네시스
(2015년 설립)

G80 일레트리파이드

137차 2741
G90

G90 롱 휠 베이스

137차 2819
G70 슈팅브레이크

G70

GV80

GV80 쿠페

GV60

GV70

르노코리아
(2000년 설립)

조에

여기서 배터리에 전기를 충전하는구나!

QM6

QM6 퀘스트

아르카나

아르카나 이테크 하이브리드

콜레오스

그랑 콜레오스 이테크 하이브리드

SM6

쉐보레코리아
(한국 GM–
2002년 설립)

이쿼녹스 EV

이쿼녹스

타호

트랙스

트랙스 크로스오버

블레이저 EV

트레일 블레이저

트래버스

콜로라도

85

KGM
KG 모빌리티
(1954년 설립)

액티언

코란도

토레스

토레스 EVX

티볼리

티볼리 에어

렉스턴
뉴 아레나

렉스턴 스포츠

렉스턴 스포츠 쿨멘

자동차 이름에 대해 알아봐요

그랜저 '위대함', '웅장함'을 뜻하는 말로 영어예요.

아반떼 '전진', '발전'을 뜻하는 에스파냐 말이에요.

스타리아 '별'을 뜻하는 스타(star)와 '물결'을 뜻하는 리아(ria)로 '별 물결'을 뜻해요.

코나 미국 하와이에 있는 휴양지 이름이에요.

티볼리 이탈리아 중부에 있는 도시 이름이에요.

액티언 영어의 행동(액션)과 젊음(영)의 뜻을 담고 있어요.

카니발 '사육제', '축제'를 뜻하는 영어예요.

쏘렌토 이탈리아의 아름다운 도시 이름이에요.

쏘나타 클래식 음악의 곡 형태로, 종합 예술 같은 자동차를 뜻해요.

모닝 '아침'을 뜻하는 영어예요.

쏘울 '영혼', '정신'을 뜻하는 영어예요.

제네시스 '기원', '시작'을 뜻하는 영어예요.

스팅어 '찌르다', '쏘다'의 뜻을 가진 영어로, 성능이 최고인 차를 뜻해요.

봉고 '넓은 초원을 뛰어다니는 아프리카 산양'을 뜻하는 영어예요.

코란도 '한국인은 할 수 있다(코리안 캔 두)!'라는 뜻을 담고 있어요.

아이오닉 전기로 새로운 에너지를 만드는 영어의 '이온'과 독창성을 뜻하는 '유니크'를 합해 부르는 말이에요.

넥쏘 덴마크라는 나라의 섬 이름이에요. '물의 정령'이라는 뜻이 있고, '결합'을 나타내기도 해요.

멋진 슈퍼카들이 태어나다

준은 람보르기니 자동차 공장에서 슈퍼카가 만들어지는 걸 보자 신이 났어요. "어때, 내 친구들 멋지지?" 람보가 으쓱으쓱하며 말했어요. "이 다음에 나도 람보처럼 힘세고 멋진 슈퍼카를 만들 거야." 지후와 람보가 웃으며 꼭 꿈을 이루라고 응원해 주었답니다.

슈퍼카는 힘도 좋고 빠르지! 빨리 커서 운전해 보고 싶다!

슈퍼카 람보르기니

람보르기니는 이탈리아의 페루치오 람보르기니가 만든 유명한 슈퍼카 브랜드예요. 1966년 람보르기니 미우라를 시작으로 가야르도, 아벤타도르, 베네노, 시안 등의 슈퍼카들을 만들어내고 있어요. 슈퍼카는 멋진 생김새뿐만 아니라 성능과 속도 면에서 아주 뛰어난 차를 말한답니다.

C 클래스 에스테이트

메르세데스벤츠
(독일, 1926년 설립)

CLA

GLC 쿠페

AMG GT63

EQE SUV

EQA

T 클래스

A 클래스

SL 43 AMG

GLB

G 580 위드 EQ 테크놀로지

MAYBACH

메르세데스
마이바흐

마이바흐 S 580

마이바흐 S 680

마이바흐 S 클래스

마이바흐 EQS SUV

마이바흐 GLS 600

Ferrari

페라리
(이탈리아, 1929년 설립)

야호!
페라리 스포츠카
진짜 최고다!

F80

프로산게

296 GTS

12칠린드리

테일러메이드
812 컴페티치오네

포르쉐

(독일, 1931년 설립)

타이칸 터보 GT

타이칸

타이칸 터보 S 크로스 투리스모

타이칸 4S 스포트 투리스모

911 S-T

718 스파이더 RS

카이엔 S E하이브리드

마칸

파나메라

911 카레라 GTS 카브리올레

911 스포츠 클래식

963

Audi

아우디
(독일, 1932년 설립)

S e트론 GT

A3 세단

RS3 세단 퍼포먼스

A3 스포트백

Q8

검정색 차는 세련돼 보여!

Q8 스포트백 e트론 콰트로

A6 아반트 e트론

Q5 스포트백

Q6 e트론 콰트로

93

NISSAN

닛산
(일본, 1933년 설립)

센트라

캐시카이

와, 튼튼해 보인다!

뮤라노

GT-R 니스모

토요타
(일본, 1937년 설립)

코롤라 세단

프리우스

크라운 시그니아

랜드 크루저

캠리 하이브리드

크라운

폭스바겐
(독일, 1937년 설립)

ID 버즈

T-크로스

ID.7 투어러

투아렉

타오스

골프 R

Jeep

지프
(미국, 1941년 설립)

글래디에이터

어벤저

왜고니어 S

랭글러 4xe

95

랜드로버
(영국, 1947년 설립)

레인지로버 이보크

레인지로버 스포츠

레인지로버 SV 세레니티

레인지로버 벨라

혼다
(일본, 1948년 설립)

ZR-V

e.Ny1

시빅

오딧세이

로터스
(영국, 1952년 설립)

에비자

에메야

타입 66

엘레트라

람보르기니
(이탈리아, 1963년 설립)

테메라리오

레부엘토

우루스 페르포만테

어센티카

인벤시블

우라칸 스테라토

존 쿠퍼 웍스 에이스맨

존 쿠퍼 웍스 일렉트릭

미니
(독일, 1969년 설립)

컨트리맨 SE 올4

에이스맨 SE

와, 빨리 커서
운전해야지!

쿠퍼 S 컨버터블
씨사이드 에디션

쿠퍼 S

렉서스
(일본, 1983년 설립)

GX

RX

RZ 450e

LM

LBX

TX

아투라 스파이더

오늘은 이 차로 달려 볼까?

맥라렌
(영국, 1989년 설립)

750 S 스펙트럼 테마

W1

솔루스 GT

750 S

INFINITI

인피니티
(일본, 1989년 설립)

QX 55

QX 80

QX 60 블랙 에디션

PAGANI
AUTOMOBILI MODENA

파가니
(이탈리아, 1992년 설립)

유토피아 로드스터

와이라 에피톰

와이라 코달룽가

유토피아

와이라 R 에보

TESLA

테슬라
(미국, 2003년 설립)

모델 Y

전기차라 소음이 적겠다!

모델 3

모델 3 퍼포먼스

쌩쌩 스포츠카들 사이로!

이번에는 프랑스의 스포츠카 경주장으로 왔어요. "부딪치면 아이들이 위험하겠다! 빨리 여길 빠져 나가야지. 얘들아, 꼭 잡아!" 람보는 경주차들 사이를 쌩쌩 달렸어요. 그런데 그만 경주차들과 부딪치면서 차가 갑자기 뒤집어지려고 했어요. 순간 차 밖으로 빠져 나간 차고가 커지면서 람보와 아이들을 위로 번쩍 들어올렸답니다.

자동차 경주 대회

카레이서

경주용 차량을 운전하는 선수예요. 신호에 따라 트랙을 돌며 다른 선수들과 빠르기를 겨룬답니다.

포뮬러원(F1) 월드 챔피언십

포뮬러원은 올림픽, 월드컵과 함께 세계 3대 스포츠 대회 중 하나예요. 포뮬러카는 길고 낮은 차체에 바퀴가 차 높이만큼 튀어 나왔어요. 시간당 300여 킬로미터가 넘게 빠르게 달리지요. 포뮬러원은 매년 전 세계 여러 나라를 돌며 17~19번의 경기를 치르는데, 각 경기를 '그랑프리'라고 해요. 우리나라도 2010년 전라남도 영암에서 '포뮬러원 코리아 그랑프리 대회'가 열렸답니다.

인디애나 폴리스 500마일 경주

1911년부터 매년 미국 인디애나 폴리스 자동차 경주장에서 열리는 오래된 자동차 경주 대회예요. 30여 대의 자동차들이 약 4킬로미터의 타원형 트랙을 200바퀴 돌며 빨리 달리기를 겨루어요. 시간당 250킬로미터로 빨리 달리는데, 상금이 많아서 인기가 많답니다.

월드 투어링카 챔피언십

투어링카는 세계 곳곳의 다양한 도로나 산악 지대, 거친 길 등을 달려요. 먼 거리를 빠른 속도로 오랫동안 달려야 하므로 차가 튼튼해야 해요. 연간 2만 5천대 이상 팔리는 자동차를 경주용 차에 맞게 고쳐 달리지요. 자동차에 문제가 없는지 시험해 볼 수 있는 중요한 경주예요.

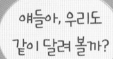

얘들아, 우리도 같이 달려 볼까?

카트 경주

자동차 경주를 처음 시작하는 선수들이 주로 참가하는 대회예요. 대부분의 포뮬러원 선수들이 어릴 때부터 카트 경주를 시작했다고 해요.

르망 24시간 경주

해마다 프랑스 르망의 라 샤르트 경주장에서 열려요. 세 명의 선수가 교대로 24시간 동안 쉬지 않고 매우 빠르게 달리지요. 하루 동안 가장 많은 거리를 달린 팀이 이겨요. 누가 많이 달리느냐를 겨루기 때문에 자동차의 기술력을 평가하는 대회이기도 해요.

새로운 자동차들을 소개하는 모터쇼

모터쇼는 자동차 회사들이 새로 나온 자동차들을 소개하는 큰 규모의 전시회예요. 앞으로 나올 신차와 새로운 컨셉트카, 자동차 기술 등을 소개하지요. 우리나라에서도 2년마다 국제적인 자동차 전시회인 서울 모터쇼가 열려요. 유명한 모터쇼로는 세계 최대 모터쇼인 독일의 프랑크푸르트 모터쇼, 세계 자동차 산업의 흐름을 파악하는 미국 디트로이트 모터쇼, 유럽 자동차의 신차 발표회 역할을 하는 프랑스 파리 모터쇼, 자동차 종류와 디자인의 유행을 알 수 있는 스위스 제네바 모터쇼 등이 있답니다.

모터쇼의 신기한 컨셉트카

람보는 아이들을 데리고 모터쇼가 열리는 독일의 어느 전시장에도 왔어요. 준과 지후는 여기저기 신기한 차들을 둘러보았어요. 앞으로 나올 멋진 컨셉트카도 구경했지요. 사람들이 너무 많아 잃어버리지 않도록 둘은 꼭 붙어 다녔어요. 람보는 새 친구를 만나 즐겁게 이야기를 나누었답니다.

여러 가지 컨셉트카

현대 제네시스 GMR 001 하이퍼카(2024)

컨셉트카

컨셉트카는 자동차 회사에서 어떤 차를 만들지 미리 만들어 보는 차를 말해요. 모터쇼가 열리는 자동차 전시장에서 볼 수 있어요. 컨셉트카를 보면 자동차가 어떻게 발달해 왔고 또한 앞으로 어떻게 발달해 가는지 살펴볼 수 있답니다.

제네시스 민트(2019)

제네시스 X 그란 베를리네타 VGT(2023)

미리 보는 컨셉트카
현대 자동차의 '세븐' 컨셉트카예요. 전기차 브랜드 아이오닉 7(세븐)의 모습을 미리 보여주고 있어요.

현대 NEOS(2000)

현대 세븐(2021)

우리나라 최초의 컨셉트카
우리나라에서 처음으로 만든 컨셉트카는 1974년 현대 자동차의 포니 쿠페예요.

현대 N 2025 VGT(2015)

현대 포니 쿠페(1974)

미래에는 날개 달린 자동차를 타고 다니겠구나!

날개 달린 자동차
자동차와 항공기가 만난 미래형 개인 항공기예요. 도로 주행과 비행을 같이 할 수 있는 날개 달린 자동차랍니다.

한국항공우주연구원 듀얼모드(2010)

기아 나이모(2011)

기아 셀토스 X 라인 (2019)

기아 하바니로(2019)

기아 EV4(2023)

르노 R5 터보(2022)

미래형 플라잉카
하늘을 나는 컨셉트카인 '에어 4'예요. 탄소 섬유로 만들어진 미래형 플라잉카랍니다.

르노 DeZir(2010)

르노 에어 4(2021)

세계 최초의 컨셉트카

뷰익의 와이잡은 세계에서 처음으로 만든 컨셉트카예요. 와이잡의 기술과 디자인은 세계 여러 나라의 자동차 산업에 많은 영향을 끼쳤답니다.

뷰익 와이잡(1938)

오펠 RAK-e(2011)

링컨 모델 L100(2022)

롤스로이스 103EX 비전 넥스트 100(2016)

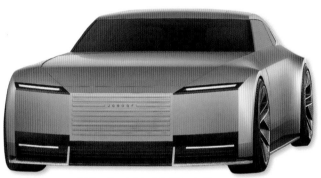
재규어 타입 00(2024)

포르쉐 미션 X(2023)

람보르기니 람보 V12 비전 그란 투리스모(2019)

린스피드 스쿠바(2008)

잠수자동차 스쿠바

육지와 바다, 강에서 모두 달릴 수 있는 잠수용 자동차예요.

린스피드 스플래시(수륙 양용 자동차, 2004)

린스피드 독고
스위스의 특수 자동차 회사 린스피드가 만든 독고는 필요할 때마다 차량이 분리되었다가 합체돼요.

린스피드 독고(2012)

린스피드 이토스(2016)

드론 탑재 자동차
드론을 탑재한 자율 주행 하이브리드 스포츠카예요.

닛산 GT-R X 2050(2020)

메르세데스 벤츠 비전 심플렉스(2019)

미래에는 운전을 하지 않아도 돼요.

메르세데스 벤츠 비전 Avtr(2020)

운전대가 없는 자율 주행 자동차
운전을 하지 않아도 차가 스스로 달려요. 집처럼 편안하게 쉬고 일도 할 수 있어요.

아우디 EP4(2023)

볼보 360c(2010)

크라이슬러 헬시온(2024)

메르세데스 벤츠 비전 원 일레븐(2023)

109

사고 나는 줄 알았어. 역시 안전이 최고야!

일을 하는 중장비 차

중장비 차량은 공사장에서 일하는 차들을 말해요. 건물을 짓거나 길을 닦을 때 등 여러 공사 현장에서 필요한 일들을 하지요. 굴착기, 로더, 크레인 트럭, 덤프 트럭, 불도저, 지게차, 고소 작업차 등 다양한 차량들이 있답니다.

크레인 트럭 구하기

"얘들아, 박물관으로 다시 돌아왔단다!" 준과 지후는 람보에게
자동차에 대해 알려줘서 고맙다며 작별 인사를 했어요. 돌아오
는 길에 공사장 옆을 지나게 되었어요. 굴착기, 믹서 트럭, 크
레인 트럭 등이 열심히 일을 하고 있었지요. 그때 크레인 트럭
의 크레인이 아슬아슬하게 넘어지려고 했어요. 역시 차고가 재
빨리 로봇으로 변신해 달려가 붙잡았답니다.

여러 가지 공사용 차

공사용 차
공사용 차는 산을 깎거나 길을 놓을 때, 건물을 지을 때 등 여러 공사 현장에서 편리하게 사람들을 도와주는 차예요.

볼보 휠 굴착기

굴착기
땅을 파거나 파낸 흙을 긁어 모아 옮길 때 이용해요.

현대 휠 굴착기

현대 크롤러 굴착기

볼보 크롤러 굴착기

디벨론 크롤러 굴착기

현대 소형 굴착기

볼보 소형 굴착기

스키드 로더와 휠 로더
공사장 등에서 여러 가지 짐들을 옮길 때 이용해요.

현대 스키드 로더

볼보 휠 로더

현대 휠 로더

로드롤러
길바닥을 평평하게
다질 때 이용해요.

볼보 로드롤러

불도저
흙을 밀어 땅을 다지거나
고르는 일을 해요.

현대 두산 불도저

피니셔와
콤팩터 덕분에
아스팔트 깔기가
어렵지 않네!

아스팔트 피니셔
길 위에 아스팔트를
깔 때 이용해요.

아스팔트 콤팩터
아스팔트를 깐 후 길을
다져요.

볼보 아스팔트 피니셔

볼보 아스팔트 콤팩터

지게차와 운반차
큰 짐을 싣거나
옮기는 일을 해요.

현대 지게차

현대 운반차

너클 크레인 트럭
커다란 집게를
이용해 짐을
들어올려요.

광림 너클 크레인 트럭

드릴 크레인 트럭
뾰족하게 생긴 나사
모양의 송곳으로
땅을 뚫는 차예요.

광림 드릴
크레인 트럭

광림 스틱 크레인 트럭

고소 작업차
높은 곳에서 일할 때
사람을 태워서 높이
올라갈 수 있게끔
도와주는 차예요.

크레인 트럭
높은 곳까지 짐을
올릴 수 있도록
해주는 트럭이에요.

광림 크레인 트럭

HKTC 고소 작업차

전기 활선차
전기 공사를 할 때
타는 차예요.
크레인이 달리고,
전기가 통하지
않도록 만들어요.

광림 전기 활선차

믹서 트럭
공사 현장에서 커다란
통을 빙글빙글 돌려
시멘트와 모래, 물과
자갈을 골고루 섞어
주는 차예요.

현대 믹서 트럭

114

덤프 트럭
차 뒤에 실린 모래,
석탄 등을 한꺼번에
들어올려 내리는
트럭이에요.

현대 덤프 트럭

제설차
눈이 내리면 눈을
치워 줘요.

이텍 제설차

굴절식 트럭
높은 산이나 거친 땅에서
일하는 트럭이에요.

볼보 굴절식 트럭

화물 트럭
여러 가지 짐을 싣고
옮겨 나르는 큰 차예요.

현대 화물 트럭

탱크로리
기름이나 액체 등을
탱크에 담아 실어
나르는 차예요.

현대 탱크로리

기아 봉고 활어수송차

컨테이너 트럭
짐을 싣는 네모난 모양의 큰
컨테이너가 있는 트럭이에요.

현대 컨테이너 트럭

자동차 운반차
무거운 자동차들을
실어 나르는 차예요.

볼보 자동차 운반차

견인차
사고 등이 났을 때
고장난 자동차를
끌고 가요.

현대 견인차

115

분뇨차야, 힘을 내서 가 보렴!

집을 향해 가던 중, 분뇨차가 움직이지 못하고 낑낑거리는 모습이 보였어요. 이번에도 로봇으로 변신한 차고가 분뇨차를 밀며 도와주었어요. 모두 차에서 내려 차고를 응원했지요 "어휴 냄새……." 지민이가 코를 잡고 찡그렸어요. 차고의 도움 덕분에 분뇨차가 천천히 움직이면서 고맙다고 인사를 하며 갔어요.

여러 가지 청소차

청소차

청소차는 우리 주변을 깨끗하게 하도록 도와주는 차예요. 음식물 쓰레기 수거차, 노면 청소차, 분뇨 수거차, 살수차 등 여러 가지가 있답니다.

청소차 덕분에 깨끗해졌네.

현대 청소차

현대 수소 청소차

청소차

한 곳에 모아 둔 쓰레기를 한꺼번에 치워 가는 큰 차예요.

현대 천연 가스 압축진개 청소차

현대 천연 가스 암롤식 청소차

현대 수소 전기 청소차

분뇨 수거차

똥과 오줌 등의 오물을 치워서 가는 탱크 차예요.

으 분뇨차 냄새!

재활용품 수집차

다시 쓸 수 있는 재활용품들을 모아서 싣고 가는 큰 차예요.

음식물 쓰레기 수거차
음식물 쓰레기들을 치워서
싣고 가는 차예요.

한빛 테크원
음식물 수거차

현대 천연 가스
음식물 쓰레기 수거차

노면 청소차
도로 등 길 바닥을 청소
하는 차예요. 차에 큰
솔이 달려 있어 먼지나
쓰레기들을 깨끗하게
빨아들여요.

현대 노면 청소차

전기 노면 청소차

광림 노면 청소차

수소 전기 노면 청소차

살수차
도로를 깨끗이 하기 위해 물을 뿌리는 차예요.

광림 살수차

현대 살수차

사람들을 도와주는 자동차를 만들 거야!

"형, 아까 그 로봇이 바로 이 차고지?" 지민이가 차고를 가리키며 물었어요. "쉿! 비밀이야." 이제 차고의 변신은 준과 지후 둘만의 비밀이 아니었어요. "형, 난 이 다음에 차고 같은 로봇을 만들어서 사람들을 도와줄 거야!" 그러자 지후도 말했어요. "나도 사람들을 도와주는 편리한 자동차를 만들 거야." 즐겁게 하루를 보낸 아이들은 각자의 꿈을 이야기하면서 집을 향해 갔답니다.